奇趣真相:自然科学大图鉴

火　山

[英]简·沃克◎著

[英]安·汤普森　贾斯汀·皮克　大卫·马歇尔　等◎绘

蔡培洁◎译

中国人口出版社
China Population Publishing House
全国百佳出版单位

前　言

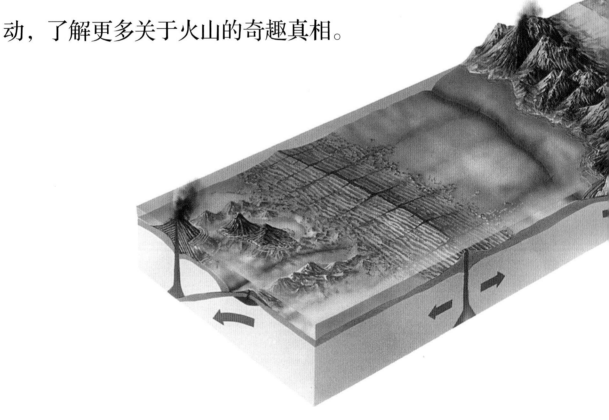

　　火山喷发是最为壮观和最具有破坏力的自然现象之一。通过阅读本书，你将了解到火山是如何形成的，以及它们为什么会爆发。书中还介绍了一些全世界范围内非常有名的火山，以及火山爆发会造成的危害。你还可以根据本书的提示，做一些有趣的小实验。另外，你还可以完成一些关于火山知识的小测验，通过一系列的小活动，了解更多关于火山的奇趣真相。

目 录

地球的内部结构

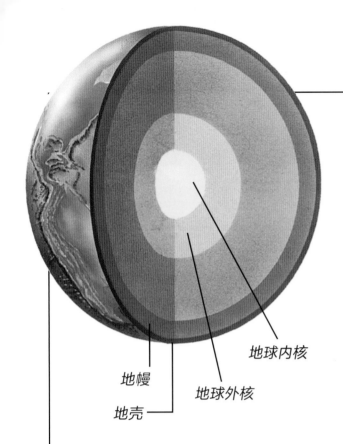

地幔

地壳

地球内核

地球外核

地球表面覆盖着陆地和海洋，在陆地和海洋的下面是一层岩石，这层岩石就是地壳，地壳包围着整个地球。地壳虽然看起来坚硬结实，但实际上只是一层薄薄的外壳。地壳的厚度范围在 32～40 千米，而在被海洋覆盖的地区，地壳的厚度一般只有 8 千米。

地球圈层

地球并不是一个实心球体。地壳下面是另一层坚硬的岩石，叫作地幔。地幔下面是由熔岩形成的外核，外核温度很高，所以岩石被熔成了液体。地球最里面的部分是内核，内核的温度大约为 5000 摄氏度。由于压力的作用，内核的形态是固态金属。

什么是火山？

　　在地壳薄弱的地方，会出现孔洞或裂缝。当岩浆向上依次穿过地幔和地壳喷射而出时，就造成了火山喷发。而出现这种自然现象的地貌形态就是火山。

喀斯喀特山脉是沿着美国西海岸延伸的山脉。这个山脉中分布着一些活火山，比如圣海伦火山。

漂移的大陆

如今地球上分散的陆地曾经是聚在一起的整体，叫作泛大陆。在数百万年的时间里，泛大陆逐渐分裂开来，陆地板块四散漂移，最终形成了当前七大洲的模样。

初始的地球

1.5 亿年前的地球

5000 万年前的地球

地壳板块

科学家认为地壳由若干部分组成，这些不同的部分被称为地壳板块。地壳板块就像漂浮的木筏，在下面的软岩层上移动。陆地和海床都是地壳板块的一部分。科学家还认为，地壳板块可以分为六大部分。

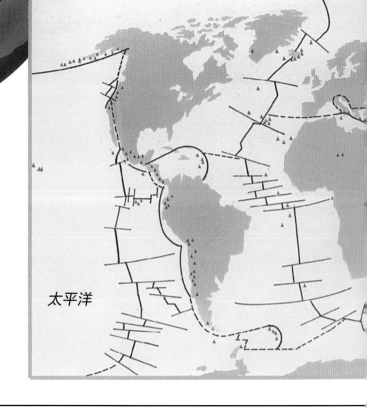

太平洋

火热的开端

大约 45 亿年前，行星地球由一大团旋转的炽热尘埃和气体逐渐混合而成。直到 40 亿年前，地球的表面还是熔融的状态，然后它的外部开始冷却变硬，形成了岩质外壳，上面分布着成千上万座火山。

现在的地球

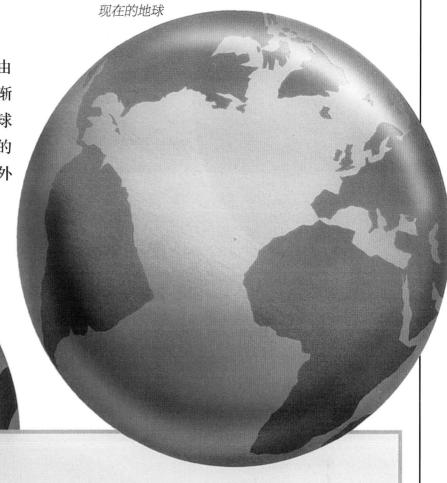

▲ 活火山

＼ 板块边缘

太平洋

环太平洋火山带

地球板块的边缘比较脆弱，不同板块接壤的地方会发生激烈碰撞。多数火山都分布在板块边缘及其附近地区。太平洋板块周围分布着无数活火山，几乎占据地球火山的一大半。这些火山沿着太平洋形成一个圆形分布，被称为环太平洋火山带。其他板块的边缘地带也分布着火山，比如地中海、冰岛和整个南欧以及大西洋海底等地方。

板块的运动

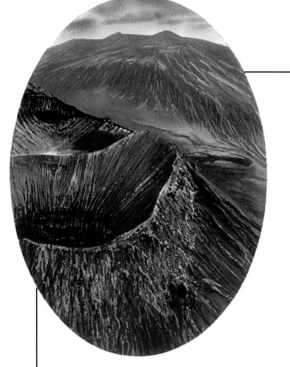

地壳板块十分巨大，且一直处于运动状态，但运动速度比较缓慢，每年移动的距离不超过几厘米。板块之间有时相互挤压，有时相互分离。当两大板块碰撞在一起时，其中一大板块的边缘可能会被挤压进地壳下面的地幔甚至外核里，并进一步被熔化成岩浆。火山通常分布在板块相互碰撞或分离的交界地带。

东非大裂谷

板块分离时会形成一些山脉或山谷。贯穿东非的大裂谷（见上图）就是这样形成的。板块彼此分离时，会在边缘形成分布着火山的宽阔山谷。

当两个大洋板块碰撞在一起时，其中一个板块的边缘会被挤压进地幔里，并形成一条深深的海沟。被向下挤压的大洋板块边缘逐渐被熔化成液态岩浆，岩浆向上喷发，就形成了火山。

当大洋板块彼此分离时，底下的岩浆会升上来逐渐变为固体，最终形成海脊。

山脉

漂移的板块也会使地表形成一些高山。当陆地板块相互碰撞时，被向上抬升的板块就形成了高山。欧洲的阿尔卑斯山脉、亚洲的喜马拉雅山脉和南美洲的安第斯山脉，都是这样形成的。

大陆板块相互运动时，产生的压力会导致岩层断裂，在此基础上可能形成裂谷、高山或火山。

大陆板块和大洋板块相互碰撞时，大陆板块的边缘会形成山脉。

金星

太空火山

你知道太空中也有火山吗？科学家认为金星和火星上都有火山。火星上的火山被称为奥林匹斯山，高度超过 25 千米，比地球最高峰珠穆朗玛峰还要高出 2 倍多。

火山爆发

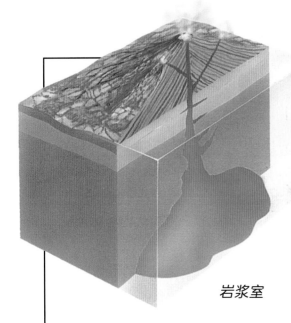

岩浆室

火山爆发是最为壮观且骇人的自然景象。灰尘和气体从火山的岩浆通道直直地射向天空，炽热的岩浆从火山顶部喷涌而出，变成熔岩沿着山体倾泻而下。有时火山中的气体和岩石以极大的力量迸发而出，会发出震耳欲聋的爆炸声。

准备爆发

火山下面有一个巨大的空间，叫作岩浆室（见上图）。火山即将爆发前，岩浆室里充满了炽热的岩浆，使火山的两侧随时可能向外膨胀。有时地面会震动，并伴随一种气味，因为含硫黄的气体正从岩石中大量逸出。

火山爆发时，热气、蒸汽、灰尘和岩石碎片从火山中喷射而出，随之而来的是炽热的熔岩流。

熔岩流

岩浆通道

打造自己的火山

在坚实的木头或塑料底座上放一个废弃的塑料杯，围着塑料杯做一个火山锥形状的混凝纸模型（小心不要把杯子的顶部盖住）。混凝纸模型干了以后，可以在上面画一画，让这座火山显得更加逼真。在塑料杯里放一勺泡打粉，再将几滴红色的食用色素和少许醋混合在一起倒进杯子中，看到红色的泡沫喷涌出来之后，你自己打造的火山就成功啦！

火山爆发后，可能会在顶部形成一个巨大的圆形凹陷，被称为破火山口。

地壳

岩浆室

火山的分类

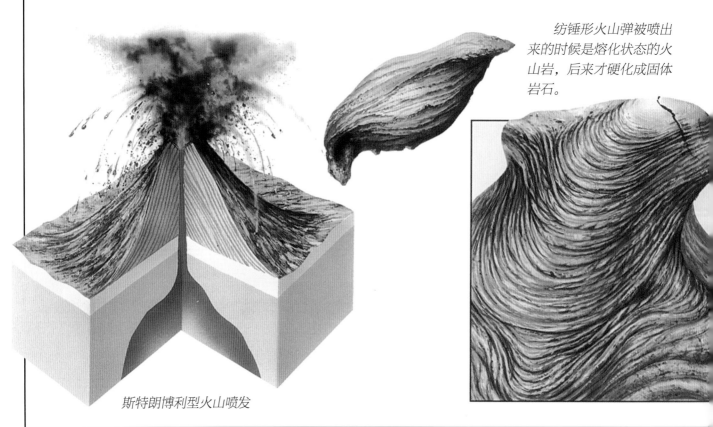

夏威夷型火山喷发

火山的形状和大小各不相同。有些火山呈圆锥形，有些火山只是地面上的长长裂缝。有些火山又小又陡，有些火山则很高，高耸的火山通常由层层熔岩和火山灰多年堆积而成。火山喷发的方式也各不相同：有些火山喷发时很平静，几乎不会造成破坏；有些火山则爆发得很猛烈，会在瞬间向空中喷出大量蒸汽、灰烬和熔岩。

火山喷发的类型

夏威夷型火山喷发的时候，黑色的熔岩沿着山体一侧静静地涌流而下（见上图）。而斯特朗博利型火山喷发时，火焰、蒸汽和气体会从火山顶部源源不绝地向上喷涌而出（见下图）。

纺锤形火山弹被喷出来的时候是熔化状态的火山岩，后来才硬化成固体岩石。

斯特朗博利型火山喷发

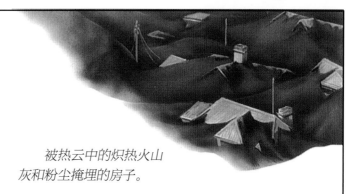

被热云中的炽热火山
灰和粉尘掩埋的房子。

拦截熔岩流

数百年来，人们一直在想办法拦截
火山爆发所产生的熔岩流。300 多年前，
西西里人曾经用铁条阻止了埃特纳火山
的熔岩流，使它没有流到卡塔尼亚古
城。20 世纪 30 年代，美国人曾用飞机
阻断了夏威夷莫纳罗亚火山的熔岩流。
在夏威夷，工人还曾用推土机在地面堆
起一堵巨大的铁墙，保护家园免受基拉
韦厄火山爆发的威胁。

热云

培雷型火山喷发是最猛烈的火山喷发类型。
由气体、蒸汽和岩石形成的热云从火山中炸裂
而出，厚厚的热云接着又降落到火山山体上，
沿着山侧急冲而下。有史以来威力最大的热云
之一是由加勒比海附近的培雷型火山 1902 年爆
发时形成的，当时造成了约 3 万人的死亡。

火山岩是火山喷出
来的大块固体岩石。

渣块熔岩（见下图）
是一种冷却下来的熔岩，
表面粗糙而尖锐。另一
种冷却后的熔岩表面光
滑，像盘绕的绳索，叫
作结壳熔岩或绳状熔岩
（见左图）。

培雷型火山喷发

热云

死火山还是活火山？

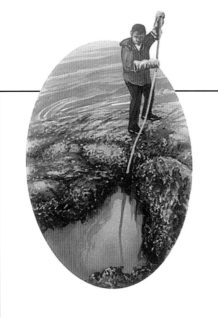

科学家在行动

科学家经常组成团队侦察火山的情况。他们研究火山喷发出来的熔岩和火山灰等材料。上图的科学家正在用钢管测量新形成的熔岩流的深度。

印度尼西亚爪哇岛的婆罗摩火山是世界上最活跃的火山之一。

你知道科学家把一些火山称作休眠火山吗？这种火山已经沉寂了许久，但仍有可能会再次爆发。休眠火山苏醒时，火山口的熔岩会冒泡，周围有蒸汽上升。全球有 500 座活火山，其中的 20~30 座活火山每年都会爆发。如果一座火山常年没有爆发的迹象，既不冒出热量，也不散发蒸汽，我们就可以肯定这是一座死火山了。

巨人堤道

　　位于北爱尔兰的巨人堤道是一道由数万根六角形石柱组成的绵长海岸。石柱的成分是黑色玄武岩，是熔岩冷却后形成的。根据爱尔兰传说，这道海岸奇观是由巨人芬恩·麦克库尔修筑而成的。他修建堤道的目的是到海的对面，打败那里的敌人。

火山惊喜

　　太平洋中的印度尼西亚是世界上分布最多活火山的国家。自 19 世纪初以来，共有 67 座火山先后喷发了大约 600 次。苏联有座火山有一年突然喷发，这让科学家们很惊讶，他们本来以为它是座死火山呢！

日本的富士山是一座休眠火山，它上次喷发是在 1707 年。

法国奥弗涅地区有 50 座死火山。这些火山 6000 多年来一直没有喷发，已经被逐渐侵蚀了。没有喷发就变硬了的岩浆堆在一起，看起来就像一个个圆形的山顶。

海底火山

海底火山是在大洋底部形成的火山。海床移动到地幔某个非常热的区域时，岩浆会冲破海底并冷却下来。这个炎热的区域就是热点，岩浆冲出变成熔岩，堆积在一起形成盾形火山。夏威夷群岛就是这样形成的，它的形状就像古代士兵使用的圆形盾牌。

海底火山

在海面下

许多海底火山完全被隐没在海水之中。火山一爆发，熔岩就立即被海水冷却了，然后硬化成小块，这种小块岩石叫作枕状熔岩。加勒比海域有一座海底火山正在慢慢变高。

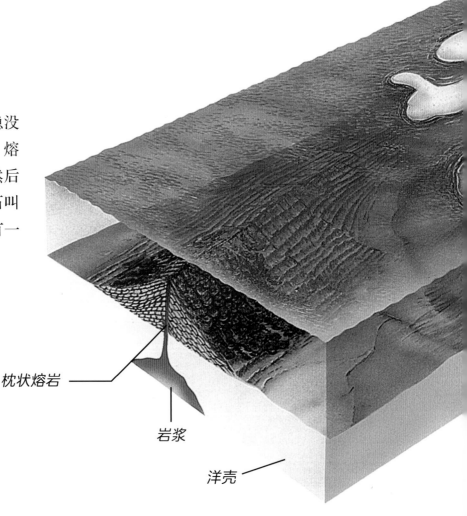

枕状熔岩

岩浆

洋壳

什么是环礁？

环礁是海洋中呈环状分布的珊瑚礁。珊瑚礁是由成千上万珊瑚虫的残骸历经数百年甚至数千年堆积而成的。环礁一般沿着火山边缘分布，但这些火山后来要么被海水冲走，要么沉回海面以下了。

珊瑚礁周围的生命

在环礁和其他珊瑚礁周围的温暖水域里，生活着珊瑚鳟鱼（见上图）等五颜六色的鱼类。其他海洋生物，如海星和海参等，会以珊瑚礁周围的小型植物和动物为食。

消失的亚特兰蒂斯城

古希腊的亚特兰蒂斯传说讲述了一个奇妙的岛屿在海中神秘消失的故事。有些科学家认为这个故事中讲的其实就是古希腊的圣托里尼岛，这座岛于公元前1470年被一次剧烈的火山爆发摧毁了。

新火山

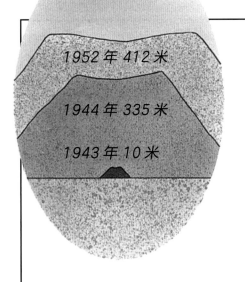

1952 年 412 米

1944 年 335 米

1943 年 10 米

当今世界上的大多数火山都是几百万年前就开始形成的，但有时也会形成一些新火山。1973 年 1 月，冰岛的赫马岛上就出现了一座新火山，火山灰和熔岩覆盖了全岛，迫使大部分居民离开了该岛。在那之前 30 年，也曾有另一座新火山突然冒出地面——那次是在墨西哥的玉米地中间！

墨西哥的惊喜

1943 年，从墨西哥的一块玉米地中央升起了白色的蒸汽，一座新火山初现端倪。这座位于墨西哥帕里库廷的火山后来上升到 412 米，并持续喷发了 9 年。

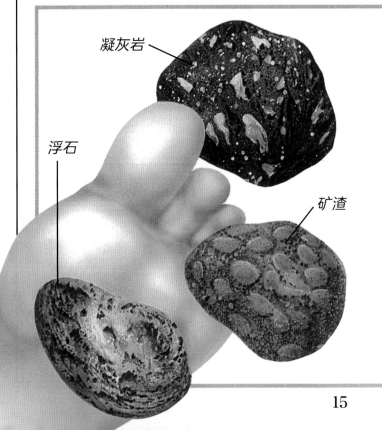

凝灰岩

浮石

矿渣

火山岩

罗马人在修建罗马城时曾使用过火山岩材料。左图名为凝灰岩的材料由火山灰和炭渣混合而成。另一种火山岩是矿渣，矿渣是含有气孔的火山岩，常用来作为研磨和抛光产品的原料。浮石是一种浅色的矿渣，能够浮在水中，人们常用浮石来清洁皮肤。

新的火山岛

1963年，一座新的火山岛从冰岛附近的海面升起。当地人用火神的名字给它命名，称其为叙尔特塞。叙尔特塞火山岛的出现是板块运动的结果，大西洋海底的两大板块相互分离，激烈运动中的海床上喷出了岩浆[见图(a)]。接着，一座火山岛蹿出海面[见图(b)]。最后，火山岛不断攀升，海拔高度达到了170多米[见图(c)]。

叙尔特塞火山岛浮出海面后不久，鸟和风就把种子带到了岛上，岛上开始长出植物。

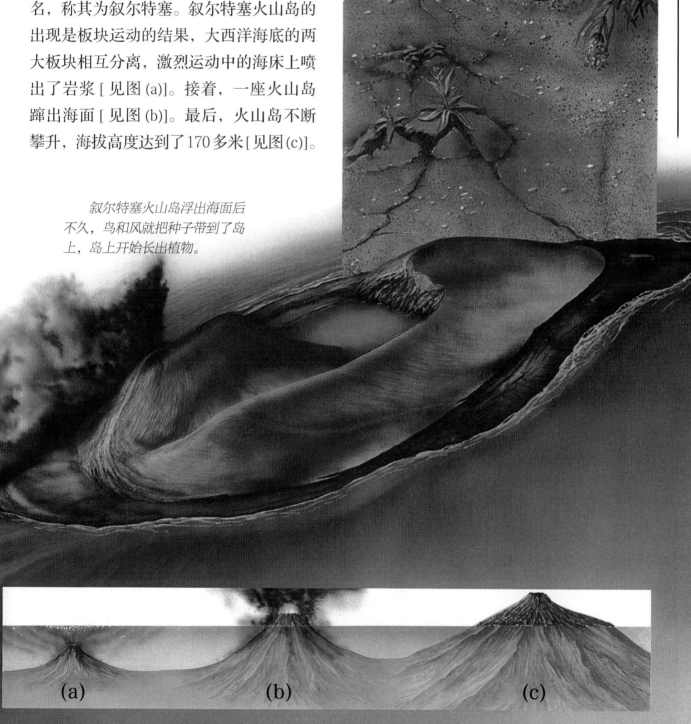

(a)　　　　　　　(b)　　　　　　　(c)

维苏威火山

维苏威火山爆发于公元79年8月24日。

约2000年前，维苏威火山爆发，摧毁了意大利南部的罗马城镇庞贝和赫库兰尼姆，导致超过2万人死在成堆的火山灰和泥浆之下。如今，庞贝遗址成为游客们的参观地，科学家们还在这里发掘出了保存在火山灰中的房屋、动物和人体。

制作石膏模型

你可以自己动手制作一些贝壳等物件的石膏模型。先把一个物件压进制模黏土中做成模具，然后小心地把物体剥离出来。接着，把混合好的煅石膏倒入模具中。石膏干燥后，取下模具，你的自制石膏模型就做好了。

庞贝的生活

庞贝古城的遗迹能够帮助我们了解古罗马的城镇是如何设计的，这些城镇中都有重要的特色建筑，比如圆形剧场、集市、市政办公厅和公共浴室等。庞贝古城的遗迹还让我们了解到多年以前人们的生活方式，我们从中可以窥见他们的日常生活、风俗习惯和休闲方式。

人们从庞贝古城中发掘出了一幅镶嵌画，这幅画向我们展示了埃及尼罗河边的一个场景。

庞贝古城被掩埋在层层火山灰下面。后来火山灰硬化，使大部分城市景观和居民的身体保存得比较完整。

著名的火山

有些火山因故事和传说而闻名于世。有些火山，比如喀拉喀托火山，则是因为造成了可怕的灾难而广为人知。圣海伦火山的喷发过程被详细记录下来，成为火山研究历史上最详尽的材料之一。这座火山刚开始喷发时，科学家就及时进行了拍摄和研究。

埃特纳火山

早在公元前700年，人们就开始记录埃特纳火山爆发的次数。此后，这座位于西西里岛上的火山爆发了250多次。1979年，当游客正在山脚下游览时，一个新的火山口毫无预兆地喷发了，最后造成了若干伤亡。

喀拉喀托火山

1883年，位于印度尼西亚的喀拉喀托火山爆发了。火山爆发极为剧烈，整座岛几乎被摧毁。虽然当时岛上无人居住，但是火山爆发引起剧烈的海啸。海啸席卷附近的村庄，造成了数万人的伤亡。

1883 年喀拉喀托火山爆发时，远在澳大利亚的居民都能听到巨大的响声。

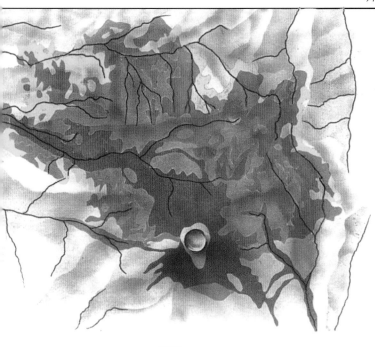

圣海伦火山

1980 年，美国西北海岸的圣海伦火山又爆发了。这次爆发威力巨大，导致 57 人死亡，并严重损毁了周围房屋、道路、庄稼和森林，造成了总计数百万美元的损失。火山爆发时，一块巨大的山体从侧面被掀掉，留下了一个巨大的火山口。

■ 树木倒伏区　■ 泥流　　山崩　　受损树木　　　　　　■ 新湖泊

富士山

富士山是日本国内的最高山峰。富士山是一座休眠火山，山顶是一个火山口。每年夏天，约有 50 万日本人相继前往富士山参观和游览。

火山摧毁喀拉喀托岛之后继续喷发，最终形成了一个新的岛屿，叫作阿纳·喀拉喀托，意为喀拉喀托的孩子。

火山的好处

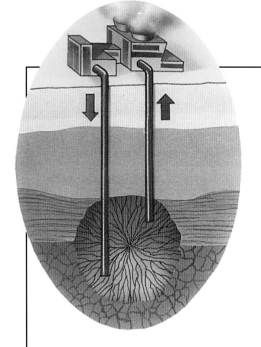

地热能

火山爆发虽然极具破坏性，但也确实为我们带来了一些好处。火山喷发时带出的各种岩石和熔岩可以用来生产建筑材料和清洁产品。火山坑底的硫黄可以用在一些化学制品中，火山灰可以使土壤变得肥沃，有利于耕种。

地热能

在某些国家，地下的热岩会使地下的水变热。热水释放出蒸汽，蒸汽可以用来发电，这种天然能源就叫地热能。地热能非常干净，不会污染环境。地下的热水还可以通过管道输送到居民家中。

宝石和矿物

在火山附近经常可以发现一些贵重的金属和宝石，如锆石和蓝宝石。它们被埋藏在岩层中，由液态岩浆冷却后变硬而形成。人们从火山岩中发掘过铜、银和金等金属。世界上一些大型钻石也是从火山岩中挖掘出来的。在南非的金伯利镇，有一种叫金伯利岩的岩石，人们从中提取出了钻石。这些钻石都是很久以前在火山内部形成的。

🕸 猫眼石	🕸 蓝绿玉
🕸 锆石	🕸 黄玉
🕸 电气石	🕸 月长石
	🕸 绿宝石

果树

有些由火山灰等材料堆积而成的土壤非常肥沃。在地中海西西里岛的埃特纳火山的山坡上，密集地生长着一排排橙子树、柠檬树和葡萄树。非洲西北海岸的加那利群岛上分布着几座火山，当地地域广袤，土壤肥沃，遍布香蕉树等果树。

钻石和钻头

你知道钻石可以用来切割其他钻石吗？这是因为钻石是地球上已知的最坚硬的天然材料。人们用钻石来切割、研磨和钻孔。那些能够切割坚硬物体的钻头，末端都包裹着细小的尖头钻石。另外，有些钻头则包裹着钻石颗粒或钻石粉末。

火山的馈赠

火山喷发出的蒸汽、炽热气体和熔岩都是由地球内部的热岩加热的。这些热岩也加热了地表下的水。热水冒到地面，就形成了温泉。有一种类似火山的温泉，叫作间歇泉，间歇泉能够高高地喷出热水，还常常夹杂一团团白色的小水滴云。每次火山喷发后，这些水会慢慢渗回地下，而矿物则留在了地面。这些矿物有时会堆积成圆锥体，在两次火山喷发之间，圆锥体内部常常会储满异常清澈的水。

老忠实喷泉

世界上最著名的间歇泉之一位于美国的黄石国家公园。这个间歇泉的绰号叫"老忠实"，因为它每隔 1 小时左右就会喷发一次。人们持续观测了 80 年，发现它从来没有误喷过一次。而且，这座温泉有史以来的最高喷射高度达到了 46 米。有时，温泉中的水与来自周围岩石的泥浆混合，会形成冒泡的泥喷泉或者泥火山。新西兰境内火山众多，而且以间歇泉和泥喷泉最为典型。

日本的一座城市别府中分布有 4000 多个温泉，路边的温泉水热到可以把鸡蛋煮熟。

在美国黄石国家公园中，很多不同的小植物和小动物共同生活在老忠实喷泉附近，它们依赖温泉的热量，而它们的存在也使水面显得五彩斑斓。

热水

地表下的水有一些是雨水。层层的岩石就像巨大的海绵一样，吸收了这些雨水。这些水被岩浆上升时的热气加热以后流回地面，就形成了温泉。有一种温泉实际上是地面的一个洞，会喷散出蒸汽和其他气体的混合物，人们把这种温泉叫作喷气孔，喷气孔喷出的部分气体是有毒的。

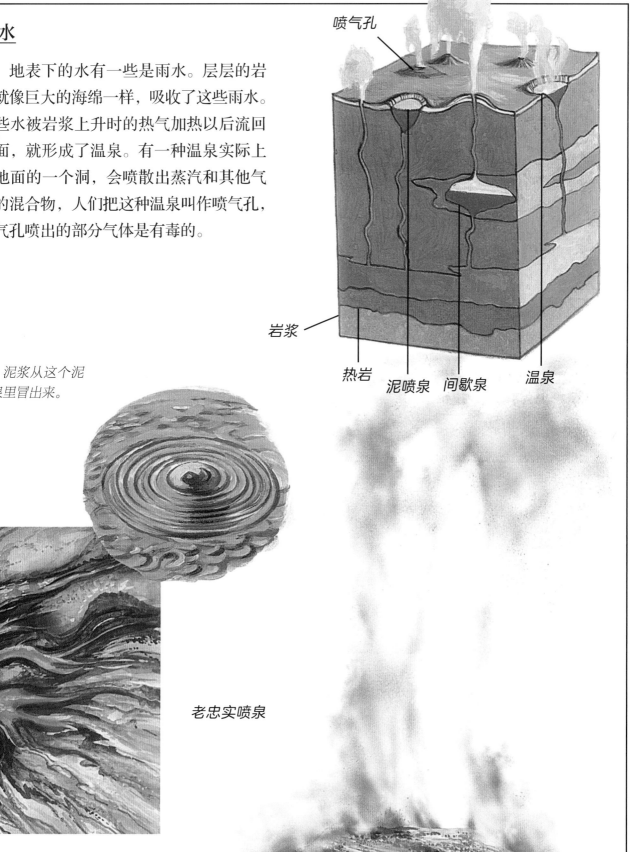

喷气孔

岩浆

热岩　泥喷泉　间歇泉　温泉

泥浆从这个泥喷泉里冒出来。

老忠实喷泉

24

火山小测验

通过阅读本书，你对火山的了解增加了多少呢？你还记得不同类型火山的名称吗？炽热的熔岩冷却变硬后会形成什么呢？下面是一系列关于火山的小测验，你可以测试一下自己学到了多少知识。旁边的图片线索应该能帮助你找到正确的答案。你也可以用这些问题测验一下朋友和家人。以下题目的所有答案都可以在这本书的相应页面中找到，祝你好运！

（1）法国奥弗涅地区有多少座死火山？

（2）当大洋板块彼此分离时，海床会发生什么变化？

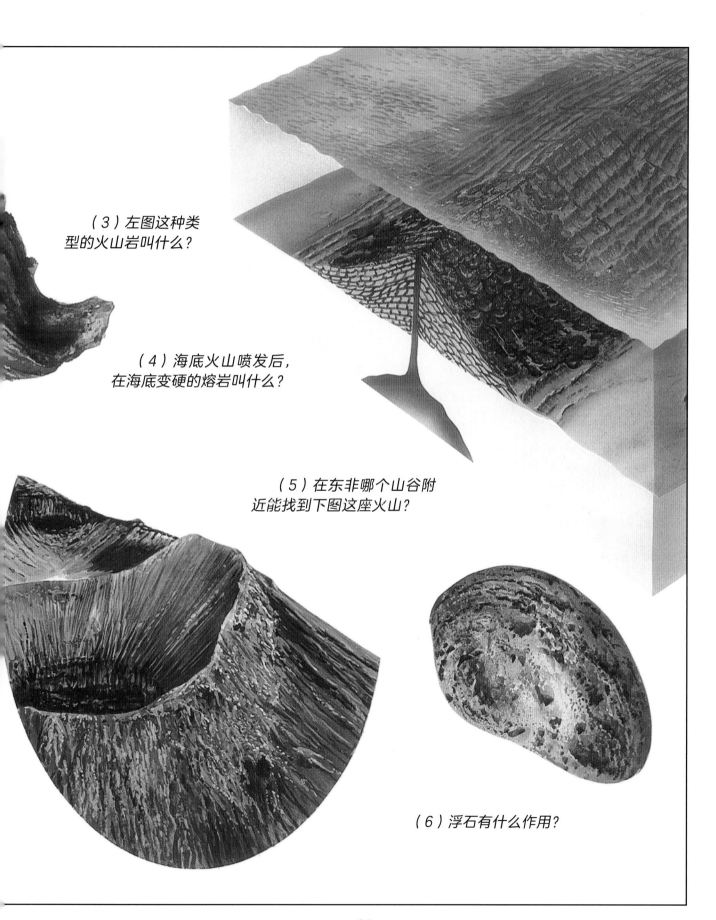

（3）左图这种类型的火山岩叫什么？

（4）海底火山喷发后，在海底变硬的熔岩叫什么？

（5）在东非哪个山谷附近能找到下图这座火山？

（6）浮石有什么作用？

更多奇趣真相

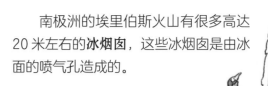

南极洲的埃里伯斯火山有很多高达20米左右的**冰烟囱**，这些冰烟囱是由冰面的喷气孔造成的。

圣托里尼火山的火山岩材料曾经被人们用来建造**苏伊士运河**。

英格兰北部的**哈德良长城**是建在由冷却的岩浆堆积成的岩脊上的。

1873年，**莫纳罗亚火山**开始喷发，持续了一年半都没有停止。

日本**短尾猴**冬天经常坐在温泉里取暖。

新西兰的**怀芒古火山**上有世界上喷得最高的间歇泉，温泉喷发的高度曾经超过450米。

约瑟夫·苏尔图是**培雷火山**喷发后的幸存者。火山喷发时他正被关在地牢里，地牢厚厚的墙壁救了他。

据记载，**维苏威火山**的熔岩流速度曾经达到每小时80千米。

术语汇编

大洋板块

全球大地构造学说中板块构造的组成部分，该学说将地球的岩石圈分为六大板块，其中太平洋板块全部由海洋底部的岩石圈构成，其他板块均包括部分海洋和大陆地壳。

煅石膏

一种白色的粉末或酥松块状物，表面透出微红色的光泽，不透明。

芬恩·麦克库尔

凯尔特神话中爱尔兰最著名的英雄人物之一，他和部下们的冒险故事是爱尔兰民间最广为流传和最受欢迎的传说。历史学者认为他可能是一个真实存在的人物，他和他的队伍可能活跃在公元3世纪中期的爱尔兰和苏格兰等地。

海脊

又称海岭、海底山脉，是大洋底部狭长而绵延的高地，一般在海面以下，露出海面以上的部分则形成岛屿。海脊是板块生长扩张的边界，是海底分裂产生新地壳的地带。

火山弹

一种由火山喷发出的直径大于64毫米的熔岩碎屑，可以从火山口中飞出数千米，在快速旋转飞行过程中迅速冷却，最终形成岩石团块。火山弹是一种喷出火成岩。

加那利群岛

非洲西北海域的岛屿群，是西班牙的一个自治区，气候冬暖夏凉，风景优美，是一处旅游胜地。

间歇泉

间断喷发的温泉，多位于火山活动活跃的区域，人们称之为"地下的天然锅炉"。

硫黄

一种淡黄色块状结晶体矿物，有特殊气味，可使皮肤软化及杀菌，也可用于防螨杀虫。

泥火山

泥浆与气体同时喷出地面后形成的火山，形状像火山，有喷出口，会喷出热气和冒火，但没有岩浆通道。泥火山的泥主要是由黏土、岩石碎屑和盐粉等构成。

热点

火山有时分布在大洋板块的内部，这些地方也有强烈的火山活动。大洋板块内部火山的位置相对固定，火山中的岩浆源所在的地方就是热点。

岩浆

是指地下熔融或者部分熔融的岩石，喷出地表后就变成了熔岩。

洋壳

即大洋型地壳，指分布在海洋底部的地壳。

版权登记号：01-2020-4540

Copyright © Aladdin Books 2020
An Aladdin Book
Designed and Directed by Aladdin Books Ltd.,
PO Box 53987
London SW15 2SF
England

图书在版编目（CIP）数据

奇趣真相：自然科学大图鉴 .6, 火山 /（英）简·
沃克著；（英）安·汤普森等绘；蔡培洁译. -- 北京：
中国人口出版社, 2020.12
书名原文：Fantastic Facts About:Volcanoes
ISBN 978-7-5101-6448-4

Ⅰ.①奇… Ⅱ.①简…②安…③蔡… Ⅲ.①自然科
学 – 少儿读物②火山 – 少儿读物 Ⅳ.①N49②P317-49

中国版本图书馆 CIP 数据核字 (2020) 第 159696 号

奇趣真相：自然科学大图鉴
QIQÜ ZHENXIANG：ZIRAN KEXUE DA TUJIAN

火山
HUOSHAN

[英] 简·沃克◎著

[英] 安·汤普森　贾斯汀·皮克　大卫·马歇尔　等◎绘
蔡培洁◎译

责 任 编 辑	杨秋奎	
责 任 印 制	林　鑫　单爱军	
装 帧 设 计	柯　桂	
出 版 发 行	中国人口出版社	
印　　　刷	湖南天闻新华印务有限公司	
开　　　本	889 毫米 ×1194 毫米　　1/16	
印　　　张	16	
字　　　数	400 千字	
版　　　次	2020 年 12 月第 1 版	
印　　　次	2020 年 12 月第 1 次印刷	
书　　　号	ISBN 978-7-5101-6448-4	
定　　　价	132.00 元（全 8 册）	

网　　　址	www.rkcbs.com.cn
电 子 信 箱	rkcbs@126.com
总编室电话	（010）83519392
发行部电话	（010）83510481
传　　　真	（010）83538190
地　　　址	北京市西城区广安门南街 80 号中加大厦
邮 政 编 码	100054